U0186320

地球不能没有孔雀

林育真 / 著

山东教育出版社 · 济南

昂首阔步走来了

头戴光彩华丽的羽冠，抖一抖身后雍容华丽的尾屏，我们孔雀天生丽质，人称“鸟中皇后”。现在，我昂首阔步走来了！

其实，图中这只身后拖着一米多长尾屏的大鸟，是一只雄孔雀。“鸟中皇后”是对它美貌的赞美。

雌孔雀没有漂亮的大尾屏，毛色也没有雄孔雀鲜艳。

雉鸡家族中的佼佼者

我们孔雀是雉鸡家族中最漂亮的成员，我们和锦鸡、原鸡、马鸡、石鸡、长尾雉、虹雉、角雉以及家鸡等同属于鸡形目雉科。雉鸡主要是走禽，在地面生活，有些种类能短距离飞行。

我是红腹锦鸡。我头上的丝状羽冠金灿灿的，所以我又叫金鸡。

我是红原鸡，是家鸡的野生祖先！

瞧瞧我们雉鸡家族，没有最美，只有更美！

我叫蓝马鸡。“蓝”是说我身上的羽毛是蓝灰色的，“马”是形容我尾羽的形状很像下垂的马尾巴。

我叫白颈长尾雉，只生活在中国，是国家一级保护鸟类！

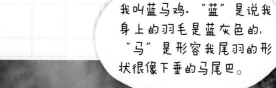

注意

图片中这些绚丽夺目的雉鸡都是雄鸟。雌鸟从外表来看比雄鸟逊色多了。

目前，全球共有三种孔雀——绿孔雀、蓝孔雀和刚果孔雀。前两种现今多为人工繁育，是观赏鸟类。刚果孔雀 1936 年才被人发现和命名，比较罕见。

绿孔雀头上有一簇羽冠直挺挺地立着，脸颊上有一片标志性的鹅黄色，非常鲜艳。它的羽毛以黄绿色为主。

蓝孔雀的原产地是印度、斯里兰卡等地，是印度国鸟。蓝孔雀在很多国家和地区都有，是被引进当作观赏鸟饲养的。

绿孔雀又叫爪哇孔雀，分布在东南亚的印度尼西亚、柬埔寨、老挝、泰国、缅甸等国家和我国云南省部分地区。

蓝孔雀的羽冠像一把宝蓝色的扇子。它身上的羽毛以宝蓝色为主。

蓝孔雀分布现状图

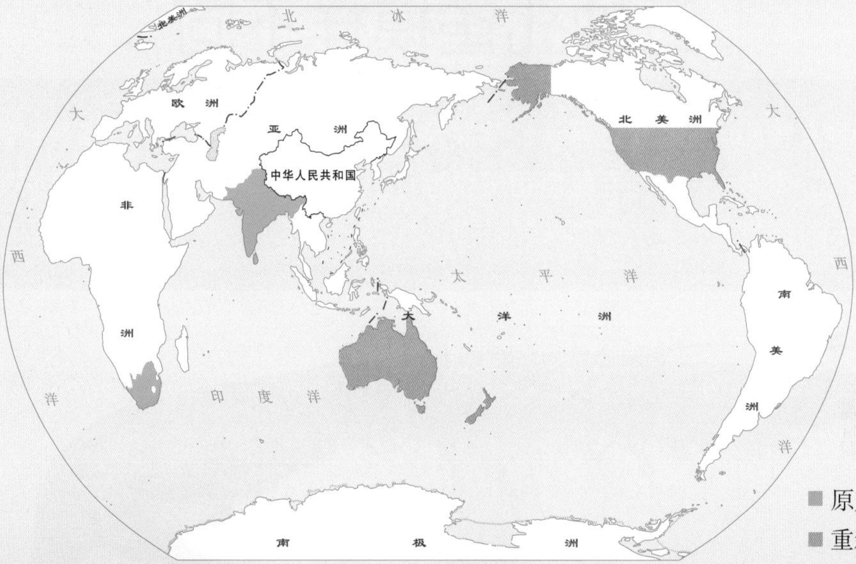

白孔雀不太常见，它不是新物种，而是蓝孔雀的白化变种。

黑孔雀是野生蓝孔雀的变异个体，数量非常少。印度动物园培育出了具有繁殖能力的黑孔雀。

刚果孔雀产于非洲中部。头顶羽冠好像一簇白色的鬃毛。

注意

野生绿孔雀和蓝孔雀生活在亚洲的热带及亚热带丛林，刚果孔雀栖息于非洲热带雨林。以上三种孔雀，通过观察它们的面颊、头上的羽冠和身上的羽毛的颜色就能区分。

三种孔雀模样不同

尽管绿孔雀和蓝孔雀是近亲，长得很像，但只要仔细察看，就会发现它们不仅头部特征不同，体形大小、羽毛颜色和斑纹等，都有明显的区别。据科学家研究，其基因谱系也不同。

成年绿孔雀全长 1.8—2.3 米，称得上是大型禽鸟。目前全球有绿孔雀 2 万—3 万只。在中国，野生绿孔雀数量稀少，属于濒危物种。

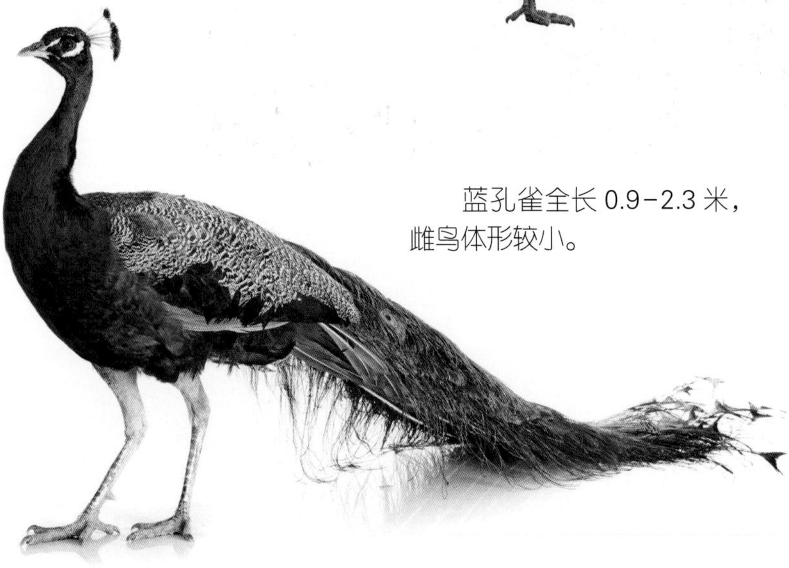

蓝孔雀全长 0.9–2.3 米，雌鸟体形较小。

雄刚果孔雀全长 0.6–0.7 米，像公鸡一样大，身上的羽毛是紫蓝色的，颈部露着一截鲜红的皮肤。它虽无尾屏，但尾羽能展开，呈现令人印象深刻的扇面。

雌刚果孔雀的冠羽较短，腹部的羽毛是红褐色的，背部的羽毛如翡翠般鲜亮，看起来比雄鸟还漂亮。刚果孔雀与亚洲产的孔雀长得完全不像，但是科学家经过分子生物学测定，确认刚果孔雀就是亚洲孔雀远在非洲的近亲。

三种孔雀形态特征对比表

种类	全长（厘米）	体重（千克）	脸颊	羽冠	颈部	翅内侧覆羽	尾屏
绿孔雀	180–230	5–6	黄色	直立簇状	绿色鳞羽	蓝绿色	雄鸟有
蓝孔雀	90–230	4–6	白色	扇状	蓝色丝羽	深色斑纹	雄鸟有
刚果孔雀	60–70	1.2–1.5	—	白色鬃毛	红色皮肤	—	雌雄皆无

绿孔雀和蓝孔雀雄鸟的尾部都有长而绚丽的羽毛，叫作尾屏。雌孔雀长得像雄孔雀，只是没有尾屏。

一对蓝孔雀。

在鸟类世界中，大多数种类的雄鸟比雌鸟漂亮，这主要是因为鸟类的择偶是由雌鸟选择雄鸟。

绿孔雀和蓝孔雀最吸引人目光的时刻，就是雄鸟展开尾屏的时候。

白孔雀开屏的瞬间，就像降落凡间的白色精灵。

我们早上和傍晚到地面觅食，中午和夜间栖息于树上。求偶开屏时多在林间空旷处或草地上。

雄孔雀对着雌孔雀卖力地打开尾屏，开始精彩的求偶表演。

雄孔雀进化出漂亮的尾屏，来争得雌孔雀的喜爱，达到繁衍的目的。

雄孔雀开屏时，发出嘎嘎的叫声，将尾部抬高，展开尾屏不断抖动，羽毛发出刷刷的响声，同时双脚交替踏着旋转舞步。

这对孔雀喜结连理，一起散步。

雌孔雀选择自己中意的雄孔雀。

孔雀的尾屏由长长的尾上覆羽构成。不同孔雀尾屏的色调及“眼斑”的色彩有差别，但都鲜明醒目。眼斑排列有序，缀满整个尾屏。

猫头鹰蝶

雄蓝孔雀张开的尾屏上缀有一百多个流光溢彩的眼斑，开屏后，好似眼前突然亮起一百多只“小灯泡”。如果天敌突然看见，会不敢靠近，孔雀可以趁机逃脱。

某些蛾蝶翅上也有眼斑，这些眼斑不仅可以吸引异性，还能吓跑天敌。

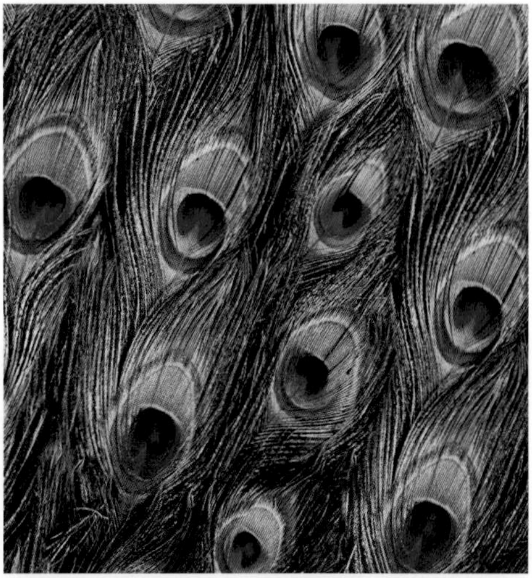

透过显微镜观察我们羽毛上的眼斑，会发现它由紫、蓝、黄、红、绿等多种颜色的羽丝构成，周围环绕着明亮的多彩椭圆圈，就像绸缎一样精美。

有人说看到“孔雀开屏”会交好运，这是毫无科学依据的。“开屏”是雄鸟求偶的生理现象。除了孔雀，扇尾鸽、孔雀雉和琴鸟等鸟类的雄鸟也会开屏。

雄性扇尾鸽翘起并展开它的尾羽，这就是它的“尾屏”了。这个扇形的小尾屏也可以帮助它吸引异性哦！

我开的屏跟孔雀的差很多吗?
灰孔雀雉是我国一级保护动物。

菲律宾孔雀雉的尾屏也有眼斑。

琴鸟是产于澳大利亚的雀形目古老鸟类。它的尾羽非常发达，外侧的两根尾羽长达70厘米，十分罕见。雄鸟求偶时展开的尾羽很像古希腊的七弦竖琴，所以叫琴鸟。

雌孔雀总是选择自己认为最好看的雄孔雀结为伴侣。这一择偶标准，使雄孔雀的尾屏进化得越来越大，也越来越艳丽。

我们背上的羽毛像鱼鳞，闪耀着金属光泽，这在鸟类中绝无仅有。

想看我们开屏，应选在繁殖季节来观赏。我们每年换一次羽毛，入秋后旧的羽毛脱落，新的羽毛逐渐长出，等到来年春天新的羽毛生长丰满才能再度开屏。所以，如果在我们换羽毛的时候想看开屏，运气再好也看不到。

换羽毛的季节到了，雄孔雀的尾屏变得又短又乱。

这只蓝孔雀尾屏上的旧羽毛几乎掉光了。孔雀换羽是正常生理现象，不要紧张，会再长出来的！

孔雀喜爱群居生活，雄孔雀常常和几只雌孔雀一起寻找食物。在同一处林地休息时，雄孔雀会时不时开屏，吸引雌孔雀的注意。

雌孔雀结伴觅食。

野生孔雀通常 5—10 只结成小群，一起觅食。人工养殖时只要场地够大，可能出现由几十只孔雀组成的大群。

野生孔雀不挑食，既喜欢吃树木果实、灌木嫩芽和种子，也喜欢吃昆虫、蠕虫、青蛙和蜥蜴等小型动物。饲养孔雀时可以给它喂食玉米、小麦、麸糠及多种新鲜蔬菜，适当加喂骨粉、鱼粉、动物性蛋白、维生素和微量元素等。

公鸡的“距”

雄环颈雉的“距”

注意

雄孔雀脚趾上方小腿后面有发达的“距”。

鸟足上的距

长在雄鸟小腿后部的一个角质趾状结构，又硬又尖，是雄鸟自卫和争斗时的武器。

有天敌也有朋友

我们生活在热带和亚热带丛林，那里还有很多我们的朋友和天敌。老虎、花豹和亚洲黑熊等是我们的天敌，会攻击甚至吃掉孔雀；犀牛和犀鸟等是我们的朋友，我们之间以鸣叫声报警，互相帮助。

老虎通常捕食个头比较大的野猪、鹿等等，饥饿时也会捕食孔雀。

花豹善于爬树，常悄悄隐蔽在树上捕捉猴类，也捕食孔雀等鸟类。

印度犀属于独角犀牛，是大型食草兽，独来独往，听觉和嗅觉都极灵敏，一察觉附近有异常动静，会立即逃跑，这等于给孔雀报警。

大犀鸟发现敌情时能发出响亮的叫声。它和孔雀会互相提醒，保障安全。

热带丛林有很多蛇类。成年孔雀不怕小草蛇或游蛇，它能用强健的脚爪踩踏蛇，再用坚硬的喙将蛇啄死并吃掉，但孔雀害怕被大蟒蛇绞杀和吞食。

黑熊平时主要吃植物，孔雀和孔雀蛋是它们偶尔吃的营养餐。

不要以为羽色鲜艳的野生孔雀很不安全。由于它们生活在植物种类繁多、色彩缤纷的热带森林中，阳光透过枝叶缝隙化为五彩光斑，孔雀羽色和生存环境完美契合，不易被发现。

你能发现藏在枝叶中的孔雀吗?

繁衍后代多重要!冒着暴露自己的风险，雄孔雀也要开屏招引配偶。

我们块头大、不善飞，还拖着超级长的尾屏，遇到天敌时很难迅速逃离，所以我们警惕性很高。一有风吹草动，雄孔雀会立即高声报警，通知其他同伴逃离险境。

孔雀察觉到危险时，大步流星地逃命。

超大的尾屏成了孔雀飞翔时的沉重负担。每次起飞孔雀都要费九牛二虎之力。

我们只有在迫不得已的时候才会飞。厚厚的翅膀加上大而沉重的尾屏，使我们飞翔时速度慢且不灵活。我们只有从高处向低处滑翔时，才能飞得比较快。

原来，幼年孔雀并不美

孔雀配对后，雌鸟在草丛中做窝产蛋，每个生殖季产 5-8 个蛋。雌孔雀孵蛋 28-30 天后，幼鸟出壳。新生孔雀只有一个网球那么大。雄孔雀出生后第三个年头，尾屏才能长成，才能开屏求偶，和成熟的雌孔雀配对。

雌孔雀会用喙轻触伴侣来表达爱意。

野生孔雀生活在气候温暖的地方，生育前它们筑简陋的窝，只需在地面上挖个坑，铺点儿杂草、树叶和羽毛，窝就算搭建完成了。对于孔雀宝宝来说，这样的窝就足以提供庇护了。

出生不久的幼孔雀，萌萌的，好像小鸡。

孔雀宝宝喜欢躲在妈妈的羽翼下。

孔雀妈妈带领、照管子女。前两年雌雄幼孔雀模样都像妈妈，三岁的雄孔雀才长出尾屏。

孔雀是吉祥、华贵的象征。绿孔雀是中国唯一一种原生孔雀，过去我国南方许多林区都有绿孔雀，但随着栖息地遭破坏和屡禁不止的偷猎，目前野生绿孔雀已处于濒临灭绝的境地。保护绿孔雀，刻不容缓！

守护孔雀，守护我们心中对美的向往！

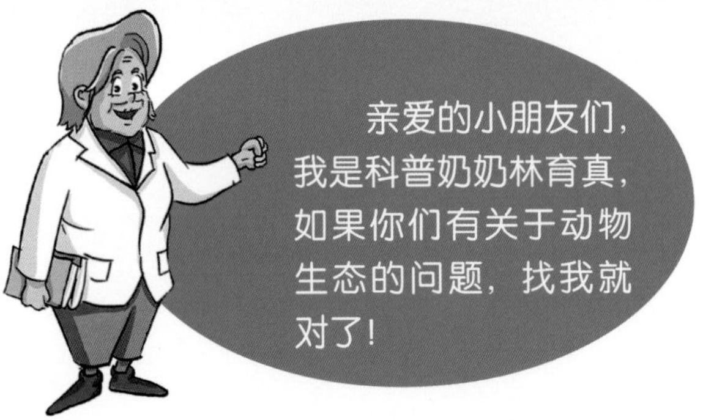

亲爱的小朋友们，我是科普奶奶林育真，如果你们有关于动物生态的问题，找我就对了！

很高兴认识你们！这套《地球不能没有动物》系列科普书是我专门为小朋友创作的“科”字当头的动物科普书，尽力融科学性、知识性和趣味性为一体。

全方位展现野生动物世界。

读完这本书，希望你至少记住以下科学知识点：

1. 孔雀是雉鸡家族最大最美的成员。

2. 正确辨别绿孔雀、蓝孔雀和刚果孔雀。

3. 雄刚果孔雀没有尾屏，但是它也属于孔雀家族。

4. 由于栖息地萎缩和偷猎滥捕，野生绿孔雀数量剧减，处于极危，被列为我国国家一级保护鸟类。

保护孔雀我们应该做的：

1. 积极参与保护绿孔雀的公益活动。

2. 认真向同学和亲友宣传，保护拯救绿孔雀意义重大，刻不容缓。

3. 到动物园、自然保护区或国家公园去观赏孔雀，要遵守规则，尊重动物，不乱投喂食物，不惊吓动物。

图书在版编目（CIP）数据

地球不能没有孔雀 / 林育真著 .—济南 ：山东教育出版社，2022
（地球不能没有动物 . 生生不息）
ISBN 978-7-5701-2212-7

Ⅰ . ①地… Ⅱ . ①林… Ⅲ . ①孔雀属 – 少儿读物 Ⅳ . ① Q959.7-49

中国版本图书馆 CIP 数据核字（2022）第 124861 号

责任编辑：周易之　顾思嘉　李　国
责任校对：任军芳　刘　园
装帧设计：儿童洁　东道书艺图文设计部
内文插图：李　勇

地球不能没有孔雀
DIQIU BU NENG MEIYOU KONGQUE

林育真　著